CONTENIDO

PRÓLOGO

El tiempo siempre ha existido para el ser humano, y este ha buscado la forma de poder medirlo, desde nuestros primeros individuos con las técnicas más rudimentarias y ancestrales, hasta los humanos de hoy en día que se supone que estamos muy avanzados tecnológicamente.

Creo que es una mentira psicológica para poder ordenar nuestras vidas, pero que realmente no existe, ya que el presente no existe, ahora mismo mientras escribo estas letras, se supone que estoy en mi presente, pero no es verdad, porque a medida que sigo escribiendo ya no hay presente, por que este ya ha pasado. El pasado tampoco existe, por que si ha pasado ya no está y por tanto no existe y el futuro , tampoco existe porque no lo hay, deaparece en el instante que se hace mi presente.

Por tanto, realmente debemos vivir nuestra vida sin miedo al tiempo.

Quiero agradecer a todas aquellas personas que leais este libro y entendais lo que quiero explicar, y os invito, a que intenteis que lo lea la mayoria de gente posible, para darnos cuenta de que nos inventan nuestras vidas.
Muchas gracias,

"EXPLORANDO EL TIEMPO, LA GRAVEDAD Y SUS VÍNCULOS CÓSMICOS"

Capítulo 1: Introducción al Tiempo y la Gravedad

•Definición conceptual del tiempo y la gravedad.

•La curvatura del espacio-tiempo y su relación con la gravedad.

Capítulo 2: Teoría de la Relatividad de Einstein

•Descripción de la teoría de la relatividad especial y general.

•Concepto de relatividad del tiempo y dilatación temporal.

•Relación entre masa, energía y curvatura del espacio-tiempo.

Capítulo 3: El Tejido del Espacio-Tiempo

•Explicación de cómo la gravedad curva el espacio-tiempo.

•Comparación de la gravedad newtoniana con la relatividad de Einstein.

Capítulo 4: Cosmología y Agujeros Negros

•Exploración del papel de la gravedad en la formación de galaxias y cúmulos de galaxias.

•Descripción de los agujeros negros y su influencia en el espacio-tiempo circundante.

Capítulo 5: Viajes en el Tiempo y Paradojas Temporales

•Discusión sobre los conceptos teóricos de viajes en el tiempo.

•Exposición de las paradojas y desafíos asociados con los viajes temporales.

Capítulo 6: Relatividad y GPS

•Cómo la teoría de la relatividad afecta a los sistemas de pos cionamiento global (GPS).

•Ejemplos de cómo la dilatación temporal afecta a los satélites en órbita.

Capítulo 7: Unificación de Fuerzas y la Gravedad Cuántica

•Breve exploración de los esfuerzos para unificar la gravedad con otras fuerzas fundamentales.

•Mención de la búsqueda de una teoría cuántica de la gravedad.

Capítulo 8: Perspectivas Filosóficas sobre el Tiempo

•Reflexiones sobre la naturaleza del tiempo desde una perspec tiva filosófica.

•Relación entre el tiempo, la conciencia y la experiencia humana.

Capítulo 9: Avances Científicos Futuros

•Exploración de las áreas de investigación futura en la física del tiempo y la gravedad.

•Especulación sobre posibles descubrimientos que podrían cambiar nuestra comprensión.

Epílogo: La Danza Cósmica del Tiempo y la Gravedad

•Recapitulación de los conceptos clave sobre el tiempo, la gravedad y su influencia en el universo.

•Reflexiones finales sobre la fascinante interconexión de estos dos pilares fundamentales.

CAPÍTULO 1: INTRODUCCIÓN AL TIEMPO Y LA GRAVEDAD

El tiempo y la gravedad, dos conceptos aparentemente simples pero profundamente complejos, desempeñan papeles cruciales en la estructura y la dinámica del universo. A lo largo de la historia, la humanidad ha buscado entender la naturaleza de estos fenómenos, y sus interacciones han llevado a algunas de las teorías más revolucionarias en la física. En esta exploración, nos sumergiremos en el fascinante mundo del tiempo y la gravedad, examinando cómo se entrelazan para dar forma a nuestra realidad y desafiar nuestras intuiciones más arraigadas. Desde la curvatura del espacio-tiempo hasta la dilatación temporal, examinaremos cómo estas fuerzas fundamentales nos invitan a repensar la naturaleza misma del cosmos y nuestra relación con él.

Definición conceptual del tiempo y la gravedad.

El tiempo es una dimensión fundamental en la que los eventos ocurren de manera secuencial. Es la medida de la duración entre dos acontecimientos y proporciona una forma de ordenar y comparar sucesos. En el contexto de la física, el tiempo es relativo y puede cambiar según la velocidad y la gravedad de un observador. La teoría de la relatividad de Einstein reveló que el tiempo no es absoluto, sino que está interconectado con el espacio, formando el tejido del espacio-tiempo.

La gravedad, por otro lado, es una fuerza fundamental que actúa entre objetos con masa. La gravedad es responsable de la atracción mutua de los objetos y su movimiento hacia el centro de masas. En la teoría de la relatividad general, Einstein revolucionó nuestra comprensión de la gravedad al describirla como la curvatura del espacio-tiempo causada por la presencia de masa y energía. Esto significa que los objetos siguen trayectorias curvadas en el espacio-tiempo debido a la influencia gravitacional.

En resumen, el tiempo es la dimensión en la que los eventos ocurren y se relacionan, mientras que la gravedad es una fuerza que surge de la curvatura del espacio-tiempo causada por la masa y la energía. Estos dos conceptos están intrínsecamente vinculados en la teoría de la relatividad, que describe cómo la gravedad afecta al tiempo y al espacio en formas sorprendentes.

La curvatura del espacio-tiempo y su relación con la gravedad.

La idea de la curvatura del espacio-tiempo es un concepto fundamental en la teoría de la relatividad general de Albert Einstein. Esta teoría propone que la gravedad no es simplemente una fuerza que actúa a distancia, como se entendía en la física newtoniana, sino más bien una manifestación de cómo la masa y la energía curvan el tejido del espacio-tiempo a su alrededor.

Imagina el espacio-tiempo como una especie de tela elástica que se estira y curva en presencia de masa y energía. Los objetos con masa crean una depresión en esta tela, y otros objetos cercanos tienden a moverse hacia esa depresión debido a la curvatura del espacio-tiempo. Esto es lo que percibimos como la fuerza de gravedad.

La relación entre la curvatura del espacio-tiempo y la gravedad se expresa mediante las ecuaciones de campo de Einstein, que son una serie de ecuaciones matemáticas que describen cómo la presencia de masa y energía afecta la geometría del espacio-tiempo. Básicamente, la masa y la energía determinan cómo se curva el espacio-tiempo y cómo los objetos se mueven en respuesta a esa curvatura.

La teoría de la relatividad general proporciona una explicación más precisa y completa de cómo la gravedad funciona en comparación con la física newtoniana. Además, esta teoría predice fenómenos como la dilatación temporal, la curvatura de la luz al pasar cerca de objetos masivos y la existencia de agujeros negros.

En resumen, la curvatura del espacio-tiempo es la forma en que la gravedad se manifiesta en la teoría de la relatividad general. La masa y la energía de los objetos determinan cómo se curva el espacio-tiempo, y esta curvatura es lo que causa que los objetos se muevan siguiendo trayectorias influenciadas por la gravedad.

CAPÍTULO 2: TEORÍA DE LA RELATIVIDAD DE EINSTEIN

Descripción de la teoría de la relatividad especial y general.

La teoría de la relatividad, desarrollada por Albert Einstein, es una de las teorías más influyentes en la física moderna. Está compuesta por dos partes: la relatividad especial y la relatividad general.

Relatividad Especial:

La teoría de la relatividad especial fue publicada por Einstein en 1905 y revolucionó nuestra comprensión del espacio, el tiempo y la relación entre ellos. Sus ideas clave incluyen:

- Principio de la constancia de la velocidad de la luz: Einstein postuló que la velocidad de la luz en el vacío es la misma para todos los observadores, independientemente de su movimiento relativo. Esto desafió las intuiciones clásicas sobre la velocidad y llevó a la eliminación de la noción de tiempo absoluto.

- Dilatación temporal: Según la relatividad especial, el tiempo pasa más lentamente para un objeto en movimiento en comparación con uno en reposo. Esto se llama dilatación temporal y está relacionado con la velocidad de un objeto en relación con la velocidad de la luz.

•Contraer el espacio: La longitud de un objeto en movimiento también se contrae en la dirección de su movimiento. Esta contracción se hace más significativa a velocidades cercanas a la velocidad de la luz.

•Equivalencia de masa y energía: La famosa ecuación E=mc^2 establece que la energía (E) de un objeto es igual a su masa (m) multiplicada por la velocidad de la luz al cuadrado (c^2). Esto mostró la relación entre la masa y la energía y condujo a desarrollos en la energía nuclear.

Relatividad General:

La teoría de la relatividad general, publicada por Einstein en 1915, es una extensión de la relatividad especial que trata con la gravedad y su influencia en la geometría del espacio-tiempo. Algunos conceptos clave son:

•Curvatura del espacio-tiempo: Einstein propuso que la gravedad no es una fuerza misteriosa, sino una manifestación de cómo la masa y la energía curvan el espacio-tiempo a su alrededor.

•Ecuaciones de campo de Einstein: Estas ecuaciones matemáticas describen cómo la presencia de masa y energía afecta la curvatura del espacio-tiempo. Los objetos en movimiento siguen trayectorias curvas en este espacio curvado, lo que percibimos como gravedad.

•Lente gravitacional: La curvatura del espacio-tiempo también causa que la luz se curve al pasar cerca de objetos masivos, lo que se llama lente gravitacional.

La teoría de la relatividad especial cambió la manera en que entendemos el espacio y el tiempo en relación con el movimiento, mientras que la relatividad general profundizó nuestra comprensión al incorporar la gravedad como una curvatura del espacio-tiempo. Estas teorías han tenido un impacto duradero en la física y la comprensión del universo.

Concepto de relatividad del tiempo y dilatación temporal.

La relatividad del tiempo y la dilatación temporal son conceptos fundamentales de la teoría de la relatividad especial de Albert Einstein. Estos conceptos desafían nuestra intuición sobre cómo el tiempo se comporta en relación con el movimiento y la velocidad.

Relatividad del Tiempo:

La relatividad del tiempo se refiere a cómo el tiempo se experimenta de manera diferente para observadores que se mueven a velocidades diferentes entre sí. Según la teoría de la relatividad especial, el tiempo no es absoluto, sino que puede ser percibido de manera diferente por diferentes observadores en movimiento relativo.

Dilatación Temporal:

La dilatación temporal es un fenómeno en el que el tiempo parece transcurrir más lentamente para un objeto que se mueve a velocidades cercanas a la velocidad de la luz en comparación con un objeto en reposo. En otras palabras, un observador en movimiento experimentará un ritmo más lento del tiempo en comparación con un observador estacionario.

Este efecto se vuelve más pronunciado a medida que la velocidad de un objeto se acerca a la velocidad de la luz. A velocidades cotidianas, como las que experimentamos en la

Tierra, la dilatación temporal es prácticamente imperceptible. Sin embargo, a velocidades cercanas a la luz, la dilatación temporal se vuelve significativa y ha sido demostrada experimentalmente en partículas subatómicas aceleradas en aceleradores de partículas.

La dilatación temporal tiene implicaciones interesantes en términos de cómo los viajeros espaciales experimentarían el tiempo en viajes de alta velocidad. Por ejemplo, si una nave espacial se acercara a velocidades relativistas y luego regresara a la Tierra, los ocupantes de la nave habrían envejecido menos que las personas en la Tierra debido a la dilatación temporal.

En resumen, la relatividad del tiempo y la dilatación temporal son conceptos que muestran cómo el tiempo puede pasar de manera diferente para observadores en movimiento y cómo esto se manifiesta en velocidades cercanas a la velocidad de la luz. Estos conceptos desafían nuestra percepción común del tiempo como algo absoluto e inmutable.

Relación entre masa, energía y curvatura del espacio-tiempo.

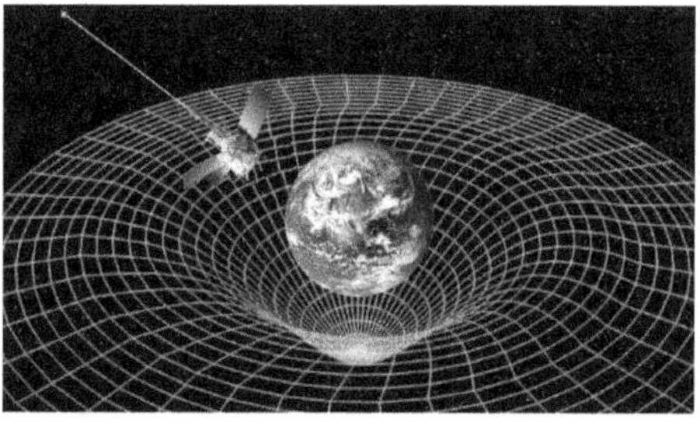

La relación entre masa, energía y la curvatura del espacio-tiempo es uno de los conceptos clave de la teoría de la relatividad general de Albert Einstein. Esta relación se expresa en la famosa ecuación

E=mc^2 que establece que la energía (E) es igual a la masa (m) multiplicada por el cuadrado de la velocidad de la luz (c^2).

Esta ecuación significa que la masa y la energía son dos formas intercambiables, y que la masa en sí misma puede considerarse una forma condensada de energía. Esto es importante en el contexto de la curvatura del espacio-tiempo causada por la presencia de masa y energía.

La curvatura del espacio-tiempo, según la teoría de la relatividad general, es una manifestación de cómo la masa y la energía deforman el tejido del espacio-tiempo. Cuanta más masa y energía haya en un área, mayor será la curvatura del espacio-tiempo en esa región. Los objetos en movimiento siguen trayectorias influenciadas por esta curvatura, lo que experimentamos como gravedad.

Por lo tanto, la relación entre masa y energía es esencial para comprender cómo la gravedad funciona según la relatividad general. La presencia de masa y energía en una región del espacio-tiempo determina cómo se curva esa región y cómo los objetos se mueven en respuesta a esa curvatura. Es por esto que la gravedad no es solo una fuerza que actúa a distancia, sino una manifestación de la geometría misma del espacio-tiempo en presencia de masa y energía.

La relación $E = mc^2$ demuestra que la masa y la energía están íntimamente vinculadas, y esta relación es fundamental para comprender cómo la curvatura del espacio-tiempo y la gravedad son influenciadas por la presencia de masa y energía en el universo.

CAPÍTULO 3: EL TEJIDO DEL ESPACIO-TIEMPO

Explicación de cómo la gravedad curva el espacio-tiempo.

La explicación de cómo la gravedad curva el espacio-tiempo es una parte fundamental de la teoría de la relatividad general de Albert Einstein. Imagina el espacio-tiempo como una especie de tela tridimensional y elástica que abarca todo el universo. La presencia de masa y energía en esta tela crea una especie de depresión o curvatura en el espacio-tiempo alrededor de los objetos masivos.

Aquí está cómo funciona este proceso:

•Presencia de Masa y Energía: Cualquier objeto con masa y energía, como una estrella, un planeta o incluso una partícula subatómica, afecta el espacio-tiempo a su alrededor. Cuanta mayor sea la masa y energía del objeto, mayor será la curvatura que induce en el espacio-tiempo.

•Deformación del Espacio-Tiempo: La masa y la energía generan una deformación en la tela del espacio-tiempo en la región que las rodea. Esta deformación se parece a una especie de "pozo" en el espacio-tiempo.

•Movimiento de Objetos: Los objetos cercanos a la masa o la energía curvan su trayectoria en respuesta a la curvatura del espacio-tiempo. Esto es lo que experimentamos como gravedad. Un objeto en movimiento sigue la trayectoria curvada, similar a cómo una pelota lanzada en una colina seguiría una curva en la pendiente.

•Trayectorias en el Espacio-Tiempo: En lugar de moverse en líneas rectas en un espacio-tiempo plano, los objetos siguen trayectorias curvas influenciadas por la curvatura. Incluso la luz sigue estas trayectorias curvas en el espacio-tiempo curvado alrededor de objetos masivos, lo que da lugar a efectos como la lente gravitacional.

La gravedad curva el espacio-tiempo debido a la presencia de masa y energía. Esta curvatura afecta la trayectoria de los objetos en movimiento, causando que sigan caminos curvos en el espacio-tiempo. La teoría de la relatividad general proporciona una descripción precisa y poderosa de cómo esta curvatura del espacio-tiempo se relaciona con la gravedad.

Comparación de la gravedad newtoniana con la relatividad de Einstein.

La gravedad newtoniana y la teoría de la relatividad de Einstein ofrecen dos descripciones diferentes de cómo funciona la gravedad en el universo. Aquí hay una comparación entre ambas teorías:

Gravedad Newtoniana:

•Formulación clásica: La gravedad newtoniana fue desarrollada por Isaac Newton en el siglo XVII y se basa en una formulación clásica de la gravedad como una fuerza atractiva entre dos masas.

•Acción a distancia: En la gravedad newtoniana, la influencia gravitatoria se considera una acción a distancia, lo que significa que las masas interactúan directamente entre sí sin mediar ningún otro agente.

•Espacio y tiempo absolutos: La teoría newtoniana supone la existencia de un espacio y un tiempo absolutos, que son independientes de la presencia de masa y energía. El tiempo fluye de manera uniforme en todas partes.

Relatividad de Einstein:

•Descripción geométrica: La relatividad general de Einstein, desarrollada en el siglo XX, describe la gravedad como la curvatura del espacio-tiempo causada por la presencia de masa y energía. No se trata de una fuerza a distancia en el sentido newtoniano.

•Influencia de la velocidad de la luz: En la relatividad, la velocidad de la luz es constante y fundamental. Las velocidades cercanas a la velocidad de la luz afectan la percepción del tiempo y el espacio, lo que lleva a efectos como la dilatación temporal y la contracción espacial.

•Tejido espacio-temporal: La relatividad considera que el espacio y el tiempo son partes inseparables de un mismo tejido: el espacio-tiempo. La curvatura de esta tela es lo que causa que los objetos sigan trayectorias curvas en presencia de gravedad.

•Incluye la gravedad en movimiento: La relatividad general tiene en cuenta que la aceleración y la gravedad se experimentan de manera similar. Un observador en un sistema acelerado no puede distinguir entre la aceleración debida a la gravedad y la aceleración debido a otros factores.

La gravedad newtoniana se basa en la acción a distancia y en la fuerza gravitatoria entre masas, mientras que la relatividad de Einstein describe la gravedad como una curvatura del espacio-tiempo causada por la presencia de masa y energía. La relatividad también tiene en cuenta la velocidad de la luz y la relación entre la aceleración y la gravedad.

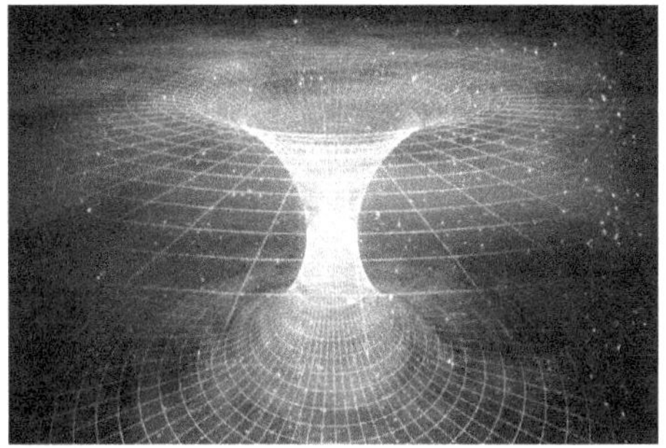

CAPÍTULO 4: COSMOLOGÍA Y AGUJEROS NEGROS

Exploración del papel de la gravedad en la formación de galaxias y cúmulos de galaxias.

La gravedad juega un papel fundamental en la formación y evolución de galaxias y cúmulos de galaxias, dos de las estructuras más grandes en el universo. Aquí hay una exploración de cómo la gravedad influye en estos procesos:

Formación de Galaxias:

•Densidades iniciales: En las primeras etapas del universo, pequeñas fluctuaciones de densidad en la materia primordial fueron amplificadas por la gravedad. Estas regiones densas se convirtieron en semillas para la formación de galaxias.

•Colapso gravitacional: La gravedad actúa para atraer la materia hacia estas regiones densas. La materia circundante comienza a colapsar y acumularse, formando estructuras más grandes llamadas halos de materia oscura.

•Formación de estrellas: Dentro de estos halos de materia oscura, la materia bariónica (materia "normal" que compone estrellas y planetas) también se acumula debido a la gravedad. Esto da lugar a la formación de estrellas en el centro de estas regiones densas.

•Evolución y fusiones: A medida que las galaxias evolucionan, la gravedad sigue desempeñando un papel importante en la fusión de galaxias más pequeñas para formar galaxias más grandes. Las colisiones y fusiones de galaxias pueden ser impulsadas por la gravedad y tienen un impacto en su estructura y contenido estelar.

Formación de Cúmulos de Galaxias:

•Atracción gravitacional: La gravedad actúa a lo largo del tiempo para atraer galaxias individuales hacia un punto central, donde se forma un cúmulo de galaxias. La gravedad es la fuerza que reúne a estas galaxias en una región del espacio.

•Materia oscura: Gran parte de la materia en los cúmulos de galaxias es materia oscura, que no emite luz y no interactúa con la radiación electromagnética. La gravedad de la materia oscura es esencial para mantener unidas las galaxias en el cúmulo.

•Influencia en el entorno: La gravedad de un cúmulo puede afectar las galaxias individuales alrededor de él. Puede inducir mareas gravitacionales, arrancar material de galaxias más pequeñas y alterar sus órbitas.

•Efectos de lente gravitacional: La gravedad de un cúmulo de galaxias puede curvar la trayectoria de la luz que pasa a través de él, creando efectos de lente gravitacional que distorsionan y amplifican la luz de galaxias más distantes.

Po tanto, la gravedad es la fuerza dominante en la formación y evolución de galaxias y cúmulos de galaxias. Desde la atracción inicial de la materia hasta la formación de estrellas y la influencia en las interacciones galácticas, la gravedad da forma a las estructuras cósmicas a gran escala en el universo.

Descripción de los agujeros negros y su influencia en el espacio-tiempo circundante.

Los agujeros negros son regiones del espacio-tiempo donde la curvatura es tan extrema que nada, ni siquiera la luz, puede escapar de su influencia gravitacional. Estas misteriosas y fascinantes estructuras se forman cuando una estrella masiva agota su combustible nuclear y colapsa bajo su propia gravedad.

Aquí tienes una descripción de los agujeros negros y cómo influyen en el espacio-tiempo circundante:

Formación de Agujeros Negros:

•Colapso estelar: Cuando una estrella masiva agota su combustible nuclear, la gravedad comienza a vencer la presión interna que la mantiene estable. Esto provoca un colapso gravitacional en el núcleo de la estrella.

•Horizonte de sucesos: Si la masa del núcleo colapsante supera cierto límite crítico (la masa de Chandrasekhar para enanas blancas o la masa de Tolman-Oppenheimer-Volkoff para estrellas de neutrones), la gravedad se vuelve tan intensa que la región colapsada cae más allá de un punto conocido como el horizonte de sucesos.

Estructura de los Agujeros Negros:

•Singularidad: En el centro de un agujero negro, se

encuentra una singularidad, una región de densidad infinita donde las leyes de la física tal como las conocemos pueden dejar de aplicarse.

•Horizonte de sucesos: Es el punto de no retorno alrededor de un agujero negro. Una vez que la materia cruza este punto, ya no puede escapar y es inexorablemente atraída hacia la singularidad.

Influencia en el Espacio-Tiempo Circundante:

•Curvatura extrema: Los agujeros negros generan una curvatura extremadamente intensa en el espacio-tiempo circundante debido a su masa concentrada en un volumen pequeño. Esta curvatura es lo que impide que la luz y cualquier otra cosa escapen de su atracción.

•Efectos en las órbitas: Los agujeros negros pueden influir en la órbita de estrellas cercanas. Si una estrella está lo suficientemente cerca de un agujero negro, su órbita puede ser alterada significativamente debido a la intensa gravedad del agujero negro.

•Efectos de lente gravitacional: Los agujeros negros pueden actuar como lentes gravitacionales naturales, curvando la trayectoria de la luz que pasa cerca de ellos. Esto puede amplificar y distorsionar la luz de objetos más distantes, lo que proporciona información valiosa para los astrónomos.

•Radiación Hawking: Según la teoría de la radiación Hawking, los agujeros negros emiten radiación térmica debido a los efectos cuánticos cerca de su horizonte de sucesos. Esto implica que los agujeros negros pueden perder masa con el tiempo y eventualmente evaporarse.

En resumen, los agujeros negros son regiones donde la gravedad es tan intensa que nada puede escapar de su atracción, y su influencia en el espacio-tiempo circundante es profunda. Estas estructuras desafían nuestra comprensión convencional de la física y continúan siendo un tema de investigación activa en la astronomía y la física teórica.

CAPÍTULO 5: VIAJES EN EL TIEMPO Y PARADOJAS TEMPORALES

Los viajes en el tiempo y las paradojas temporales son conceptos intrigantes que surgen de la posibilidad teórica de moverse hacia adelante o hacia atrás en el flujo del tiempo. Sin embargo, estos conceptos también plantean preguntas desafiantes y paradojas que aún no tienen solución definitiva. Aquí hay una descripción de los viajes en el tiempo y algunas paradojas relacionadas:

Viajes en el Tiempo:

La posibilidad de viajar en el tiempo es un tema popular en la ciencia ficción y en la teoría física. En la teoría de la relatividad de Einstein, existe una relación entre la velocidad y el paso del tiempo. A velocidades cercanas a la velocidad de la luz, el tiempo se dilata, lo que se conoce como dilatación temporal. Sin embargo, viajar hacia el pasado presenta desafíos teóricos y paradojas que aún no se han resuelto.

Paradojas Temporales:

•Paradoja del Abuelo: Imagina que viajas al pasado y evitas que tus abuelos se conozcan. Esto crearía una paradoja, ya que si tus abuelos no se conocen, tus padres no nacen, lo que a su vez significa que tú no existirías para viajar al pasado y evitar que tus abuelos se conozcan.

•Paradoja de los Bucles Temporales: En un bucle temporal, un evento causa su propio antecedente. Esto podría resultar en situaciones en las que una información o un objeto se envían a través del tiempo y causan su propia creación, lo que desafía la causalidad convencional.

•Paradoja del Duplicado: Si viajaras al pasado y te encontraras contigo mismo, ¿quién sería la versión "original"? ¿Cómo podrías interactuar con tu "otro yo" sin generar contradicciones?

•Paradoja de la Información: Si pudieras enviar información al pasado, ¿qué sucedería si esa información cambia el curso de los eventos de manera que la información nunca se envió en primer lugar?

En la actualidad, no hay consenso entre los científicos sobre si los viajes en el tiempo son posibles o si estas paradojas se pueden resolver. Aunque las soluciones teóricas como los agujeros de gusano y la teoría de los múltiples universos se han propuesto como posibles formas de abordar estas cuestiones, aún no hay evidencia experimental para respaldar tales ideas.

En resumen, los viajes en el tiempo y las paradojas temporales son conceptos fascinantes que plantean preguntas profundas sobre la naturaleza del tiempo y la causalidad. Aunque son temas populares en la ciencia ficción y en la teoría física, siguen siendo un área de debate y especulación en la comunidad científica.

Discusión sobre los conceptos teóricos de viajes en el tiempo.

Los conceptos teóricos de viajes en el tiempo son fascinantes y desafiantes, y han sido objeto de especulación tanto en la ciencia ficción como en la física teórica. Aunque no hay una solución definitiva y aceptada en la comunidad científica, varios enfoques teóricos han sido propuestos para explorar la posibilidad de viajar en el tiempo. Aquí hay una discusión sobre algunos de estos conceptos:

1. Teoría de la Relatividad:

La teoría de la relatividad de Einstein plantea que el tiempo es relativo y puede pasar a diferentes velocidades según el observador y su velocidad. La dilatación temporal sugiere que un objeto en movimiento a velocidades cercanas a la velocidad de la luz experimentaría el tiempo de manera más lenta en comparación con un objeto en reposo.

Sin embargo, viajar hacia atrás en el tiempo según la relatividad general presenta paradojas y desafíos, como las paradojas temporales mencionadas anteriormente.

2. Agujeros de Gusano:

Los agujeros de gusano son hipotéticas deformaciones del espacio-tiempo que podrían conectar diferentes regiones del universo. Algunas teorías sugieren que si se pudieran encontrar o crear agujeros de gusano estables, podrían usarse para viajar en el tiempo. Sin embargo, la naturaleza especulativa y los desafíos técnicos de los agujeros de gusano hacen que esta posibilidad sea aún incierta.

3. Teoría de los Múltiples Universos:

Algunas interpretaciones de la mecánica cuántica sugieren que cada elección que hacemos puede generar un "universo ramificado". En este escenario, se argumenta que podríamos estar interactuando con universos alternativos cada vez que tomamos una decisión. Algunos teóricos han especulado que este enfoque podría permitir algún tipo de viaje en el tiempo a través de universos paralelos.

4. Causalidad y Paradojas:

Los viajes en el tiempo también plantean preguntas profundas sobre la causalidad y la consistencia lógica. Las paradojas temporales, como la del abuelo, cuestionan la posibilidad de que los eventos pasados se puedan cambiar sin crear contradicciones lógicas.

En última instancia, los viajes en el tiempo siguen siendo un tema especulativo en la física. No hay consenso en la comunidad científica sobre su viabilidad, y actualmente no existe una forma conocida de lograrlos. Aunque estos conceptos inspiran la imaginación y la creatividad, es importante recordar que la exploración teórica no garantiza que estos conceptos se vuelvan realidad práctica algún día.

Exposición de las paradojas y desafíos asociados con los viajes temporales.

Los viajes en el tiempo son un tema fascinante, pero también plantean numerosas paradojas y desafíos que desafían nuestra comprensión convencional del tiempo y la causalidad. Aquí hay una exposición de algunos desafíos más conocidos asociados con los viajes temporales:

1. Problema de la Causalidad:

Los viajes en el tiempo pueden plantear preguntas sobre la causalidad: ¿puede una causa preceder a su efecto? Si alteras el pasado, ¿qué sucede con las consecuencias que derivan de ese pasado alterado?

2. Inconsistencias Lógicas:

Los viajes en el tiempo podrían llevar a situaciones donde las circunstancias se vuelven inconsistentes o contradicen la lógica. Esto puede resultar en eventos que no tienen una explicación coherente o que violan las leyes fundamentales de la física.

Aunque estas paradojas y desafíos son intrigantes, aún no existe una solución definitiva. Algunos científicos sugieren que las soluciones podrían involucrar la creación de ramas separadas de la realidad (universos paralelos) para acomodar los cambios en el pasado. Sin embargo, estas ideas siguen siendo teóricas y especulativas. Los viajes en el tiempo continúan siendo un tema apasionante de investigación y discusión en la física teórica y la ciencia ficción.

CAPÍTULO 6:
RELATIVIDAD Y GPS

Cómo la teoría de la relatividad afecta a los sistemas de posicionamiento global (GPS).

La teoría de la relatividad, tanto la especial como la general, tiene un impacto medible en los sistemas de posicionamiento global (GPS) debido a las diferencias en la gravedad y la velocidad en la Tierra y en el espacio. Aquí hay una explicación de cómo la teoría de la relatividad afecta al funcionamiento del GPS:

Relatividad Especial:

La relatividad especial postula que el tiempo es relativo y puede pasar más lentamente para objetos en movimiento a velocidades cercanas a la velocidad de la luz. En el contexto del GPS, los satélites en órbita se mueven a velocidades extremadamente altas en comparación con los receptores en la Tierra. Esto lleva a un fenómeno conocido como dilatación temporal relativista.

Los relojes atómicos en los satélites experimentan una dilatación temporal debido a su velocidad en órbita. Esto significa que los relojes a bordo de los satélites avanzan un poco más lentamente que los relojes en la Tierra. Aunque la diferencia es minúscula, aproximadamente 7 microsegundos por día, con el tiempo, esta diferencia acumulativa podría causar inexactitudes en la medición de la ubicación.

Relatividad General:

La relatividad general postula que la gravedad curva el espacio-tiempo. Esto tiene un impacto en los relojes en función de la fuerza gravitatoria que experimentan. En el caso del GPS, los satélites en órbita están más alejados de la Tierra, donde la gravedad es más débil en comparación con la superficie terrestre.

Debido a esta diferencia en la gravedad, los relojes a bordo de los satélites avanzan un poco más rápido que los relojes en la Tierra. Esta diferencia también es pequeña, pero acumulativa. Los relojes en los satélites avanzan alrededor de 45 microsegundos por día más rápido que los relojes en la Tierra debido a este efecto.

Impacto en el GPS:

La combinación de la dilatación temporal debido a la velocidad y la diferencia gravitatoria causa discrepancias en los tiempos medidos por los relojes en los satélites en órbita y los receptores en la Tierra. Si no se tuviera en cuenta esta corrección relativista, la precisión del GPS se vería afectada y las ubicaciones calculadas serían incorrectas en cuestión de minutos.

Para compensar esto, los sistemas GPS deben ajustar constantemente las señales transmitidas por los satélites para tener en cuenta los efectos relativistas. Los receptores GPS en la Tierra también deben aplicar estas correcciones para determinar con precisión la ubicación. En resumen, la teoría de la relatividad tiene un impacto real y medible en la operación de los sistemas de posicionamiento global y debe ser tenida en cuenta para garantizar su precisión.

Ejemplos de cómo la dilatación temporal afecta a los satélites en órbita.

La dilatación temporal, un efecto predicho por la teoría de la relatividad especial de Einstein, afecta a los satélites en órbita de varias maneras. Aquí tienes ejemplos que ilustran cómo la dilatación temporal influye en la operación de estos satélites:

1. Sincronización de Relojes:

Imagina que tienes dos relojes atómicos idénticos: uno en la Tierra y otro a bordo de un satélite en órbita. Inicialmente, ambos relojes están sincronizados. Sin embargo, debido a la dilatación temporal relativista, el reloj en el satélite se desplaza a una velocidad significativa en comparación con el reloj en la Tierra y, por lo tanto, experimenta un tiempo más lento.

2. Efecto en los Sistemas de Navegación:

En los sistemas de navegación por satélite como el GPS, la precisión es esencial. Dado que los satélites en órbita experimentan una dilatación temporal debido a su velocidad, los relojes a bordo avanzan más lentamente que los relojes en la Tierra. Si no se tuviera en cuenta este efecto, la sincronización de los relojes entre los satélites y los receptores en la Tierra se desviaría con el tiempo.

3. Corrección de la Dilatación Temporal:

Para corregir la dilatación temporal, los satélites GPS transmiten señales que incluyen información sobre el tiempo tal como lo experimentan. Esto permite que los receptores en la Tierra apliquen las correcciones adecuadas para sincronizar sus relojes con los de los satélites.

4. Impacto en la Precisión de la Ubicación:

Si no se aplicara la corrección de la dilatación temporal, la precisión de los sistemas de navegación por satélite se vería afectada. Los errores acumulativos en la sincronización de los relojes podrían traducirse en inexactitudes significativas en la determinación de la ubicación de un receptor GPS. Incluso pequeñas diferencias en el tiempo pueden resultar en errores de varios metros en la ubicación.

En resumen, la dilatación temporal es un efecto real que afecta a los satélites en órbita debido a su velocidad en relación con la Tierra. Para garantizar la precisión de los sistemas de navegación por satélite, como el GPS, se deben aplicar correcciones para tener en cuenta este efecto relativista y mantener sincronizados los relojes de los satélites y los receptores en la Tierra.

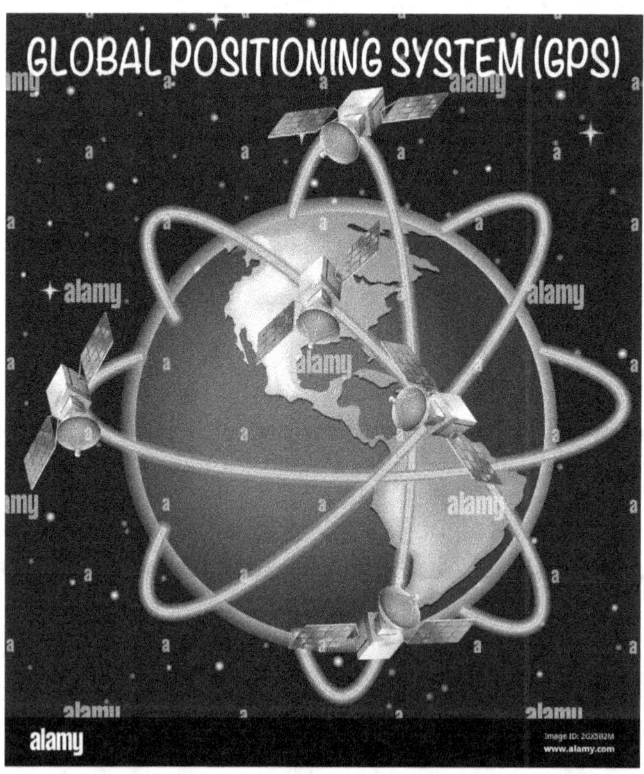

CAPÍTULO 7: UNIFICACIÓN DE FUERZAS Y LA GRAVEDAD CUÁNTICA

Breve exploración de los esfuerzos para unificar la gravedad con otras fuerzas fundamentales.

La unificación de la gravedad con otras fuerzas fundamentales es un objetivo importante en la física teórica. Uno de los enfoques más conocidos es la teoría de supercuerdas, que busca describir todas las partículas y fuerzas en términos de cuerdas vibrantes en varias dimensiones. También existe la teoría de la gran unificación, que busca combinar las interacciones electromagnéticas, débiles y fuertes en una sola teoría coherente. Otro enfoque es la teoría de la gravedad cuántica de bucles, que aborda la gravedad desde una perspectiva cuántica y busca unificarla con las otras fuerzas. Sin embargo, aún no se ha logrado una unificación completa y definitiva de todas las fuerzas en una sola teoría.

Mención de la búsqueda de una teoría cuántica de la gravedad.

La búsqueda de una teoría cuántica de la gravedad es uno de los desafíos más grandes en la física moderna. Actualmente, tenemos dos marcos teóricos exitosos: la relatividad general de Einstein, que describe la gravedad en términos de la curvatura del espacio-tiempo, y la mecánica cuántica, que gobierna el comportamiento de las partículas subatómicas. Sin embargo, estas teorías son inherentemente incompatibles cuando se trata de describir fenómenos a escalas extremadamente pequeñas, como los agujeros negros o el origen del universo. Los físicos buscan una teoría cuántica de la gravedad que permita reconciliar estas dos perspectivas y describir adecuadamente cómo la gravedad opera a nivel cuántico. Varios enfoques, como la teoría de supercuerdas y la gravedad cuántica de bucles, han surgido en esta búsqueda, pero hasta ahora, una teoría definitiva aún no ha sido alcanzada.

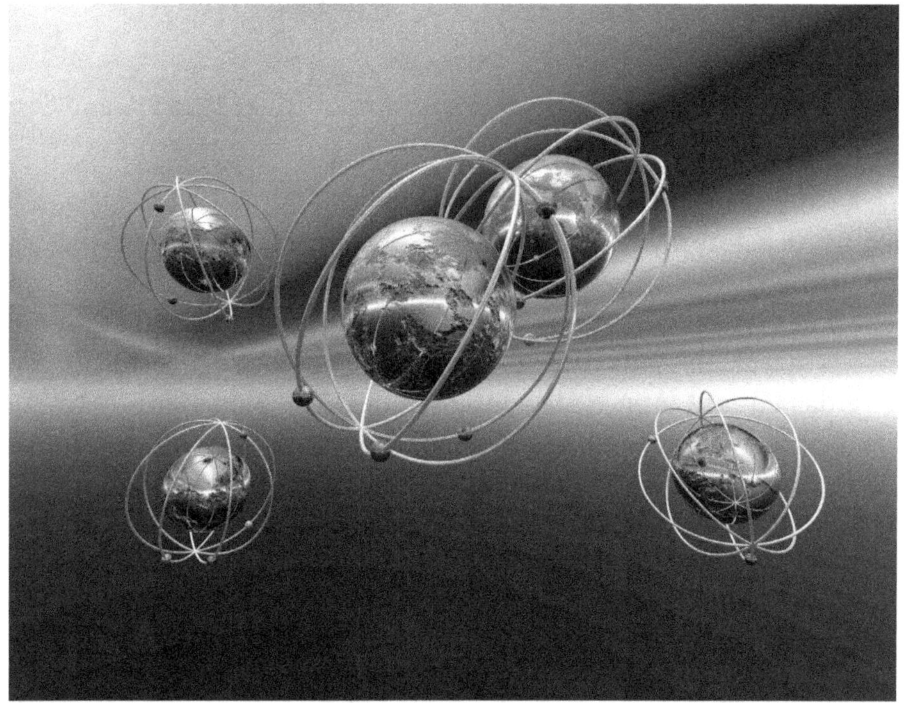

CAPÍTULO 8: PERSPECTIVAS FILOSÓFICAS SOBRE EL TIEMPO

Reflexiones sobre la naturaleza del tiempo desde una perspectiva filosófica.

La naturaleza del tiempo ha sido un tema de reflexión filosófica durante siglos. Los filósofos han debatido si el tiempo es una entidad objetiva y absoluta, independiente de nuestra percepción, o si es simplemente una construcción subjetiva de la mente humana. Algunos argumentan que el tiempo es una dimensión fundamental del universo, mientras que otros sugieren que es una ilusión creada por nuestra conciencia. También se han planteado cuestiones sobre si el tiempo es lineal o cíclico, y si el pasado, el presente y el futuro tienen una existencia real o son solo conceptos relativos.

En la era moderna, las teorías científicas, como la relatividad de Einstein, han influido en estas reflexiones filosóficas al mostrar cómo la percepción del tiempo puede variar según la velocidad y la gravedad. La física cuántica también ha planteado preguntas sobre la naturaleza fundamental del tiempo, como si el tiempo puede ser reversible a nivel cuántico.

En última instancia, la naturaleza del tiempo sigue siendo un enigma, y la intersección entre la filosofía y la ciencia continúa inspirando debates y exploraciones profundas sobre la naturaleza de la realidad y nuestra relación con ella.

Profundicemos en algunos aspectos clave de la reflexión filosófica sobre la naturaleza del tiempo:

•Absolutismo vs Relativismo del Tiempo: Algunos filósofos, cómo Newton, consideraban el tiempo como una entidad absoluta y objetiva que fluye independientemente de la realidad física o la percepción humana. En contraste, filósofos relativistas argumentaban que el tiempo es relativo y su percepción está vinculada a la experiencia y al observador.

•El Problema de la Flecha del Tiempo: Esta reflexión aborda la dirección unidireccional del tiempo, donde el pasado parece diferir del futuro. La termodinámica y la entropía están relacionadas con esta cuestión, ya que sugieren que el universo tiende hacia un estado de mayor desorden. Esto plantea preguntas sobre por qué experimentamos el tiempo de manera irreversible.

•Filosofía del Presente: La cuestión de qué constituye el "presente" ha intrigado a los filósofos. Algunos argumentan que el presente es un punto instantáneo sin duración, mientras que otros lo ven como una breve ventana de tiempo en constante movimiento.

•La Paradoja de Zeno: Propuesta en la antigua Grecia, esta paradoja sugiere que el movimiento y el cambio son imposibles, ya que en cualquier instante de tiempo una flecha en vuelo está en reposo en algún lugar. Esto lleva a reflexiones sobre la divisibilidad infinita del tiempo y del espacio.

•Filosofía del Tiempo y la Relatividad: La teoría de la relatividad de Einstein revolucionó la concepción del tiempo. La dilatación del tiempo y la contracción de la longitud a velocidades cercanas a la velocidad de la luz plantean interrogantes sobre la naturaleza del tiempo y su relación con el espacio.

•Filosofía y Física Cuántica: La mecánica cuántica introduce incertidumbre en la medición de propiedades físicas, lo que lleva a cuestionamientos sobre si el tiempo puede ser tratado de manera similar a las dimensiones espaciales y si puede ser divisible hasta un nivel cuántico.

En última instancia, la reflexión filosófica sobre el tiempo sigue siendo un campo en evolución. La interacción entre la filosofía y la ciencia ha llevado a nuevas preguntas y ha desafiado las percepciones tradicionales del tiempo. Las respuestas a estas cuestiones siguen siendo elusivas, lo que hace que la exploración de la naturaleza del tiempo siga siendo un tema fascinante y provocador en el mundo de la filosofía y la física.

Relación entre el tiempo, la conciencia y la experiencia humana.

La relación entre el tiempo, la conciencia y la experiencia humana es un área profunda de exploración en la filosofía y la psicología. Aquí hay algunas perspectivas clave:

•Percepción del Tiempo: Nuestra experiencia del tiempo está fuertemente influenciada por la conciencia. El tiempo puede parecer pasar rápido o lento según nuestro estado mental y emocional. Momentos de concentración profunda pueden hacer que perdamos la noción del tiempo, mientras que en situaciones de aburrimiento puede sentirse que el tiempo se arrastra.

•Conciencia del Presente: La conciencia es fundamental para nuestra percepción del presente. Estamos continuamente conscientes del "aquí y ahora", lo que nos permite interactuar con el mundo y tomar decisiones basadas en nuestras experiencias previas y expectativas futuras.

•Memoria y Pasado: Nuestra capacidad de recordar el pasado es esencial para la construcción de la identidad y el sentido de continuidad en nuestras vidas. La memoria nos permite mirar hacia atrás en el tiempo y formar narrativas personales que dan forma a nuestra comprensión de quiénes somos.

•Anticipación y Futuro: La conciencia nos permite anticipar el futuro y planificar en función de nuestras metas y deseos. Nuestra capacidad de imaginar y proyectarnos en el futuro influye en cómo tomamos decisiones en el presente.

•El "Ahora" Filosófico: Algunos filósofos argumentan que el "ahora" es una ilusión y que solo el pasado y el futuro existen. Esta perspectiva desafía nuestra intuición de que el presente es un punto de referencia absoluto.

•Flujo de la Conciencia: La teoría del flujo de la conciencia sugiere que nuestras experiencias mentales fluyen continuamente, lo que contribuye a nuestra percepción del tiempo. Nuestros pensamientos, emociones y sensaciones están en constante cambio, y esto da forma a cómo experimentamos la duración.

•Cultura y Construcción Social del Tiempo: La percepción del tiempo puede variar según la cultura y el contexto social. Algunas culturas pueden valorar más el presente, mientras que otras pueden centrarse en el pasado o el futuro. Además, las sociedades han creado sistemas de medición del tiempo que influyen en cómo lo concebimos.

La conciencia humana y la experiencia están intrincadamente relacionadas con la forma en que percibimos y comprendemos el tiempo. La interacción entre la conciencia, la memoria, la anticipación y la cultura da forma a nuestra experiencia del tiempo, lo que hace que esta relación sea un tema fascinante y complejo de explorar.

CAPÍTULO 9: AVANCES CIENTÍFICOS FUTURO

Exploración de las áreas de investigación futura en la física del tiempo y la gravedad.

En el campo de la física del tiempo y la gravedad, hay varias áreas de investigación futura que prometen desafiar nuestras concepciones actuales y expandir nuestro conocimiento. Algunas de estas áreas incluyen:

•Gravedad Cuántica: La búsqueda de una teoría cuántica de la gravedad sigue siendo uno de los mayores desafíos en la física. Comprender cómo la gravedad se comporta a escalas cuánticas y cómo se integra con otras fuerzas fundamentales es un objetivo fundamental. Teorías como la gravedad cuántica de bucles y la teoría de supercuerdas continúan siendo exploradas en busca de una unificación exitosa.

•Fenómenos en el Límite Cuántico-Clásico: Investigar cómo los efectos cuánticos se manifiestan en objetos macroscópicos y cómo se relacionan con la gravedad puede revelar nuevos aspectos de la interacción entre la mecánica cuántica y la relatividad general. Los experimentos para detectar efectos cuánticos en la gravedad, como la interferometría cuántica, son una dirección emocionante.

•Agujeros Negros y Teoría de la Información: El estudio de

la paradoja de la información en agujeros negros, donde la información podría parecer perdida, sigue siendo un área activa de investigación. Resolver esta paradoja podría tener implicaciones profundas para la comprensión de la relación entre la gravedad y la información cuántica.

•Cosmología Cuántica: Explorar la aplicación de la mecánica cuántica a escalas cosmológicas puede proporcionar una comprensión más profunda del origen y la evolución del universo. La idea de que el universo mismo podría surgir de un estado cuántico fundamental es un tema intrigante en esta área.

•Holografía y Correspondencia AdS/CFT: La correspondencia AdS/CFT, que establece una equivalencia entre ciertas teorías cuánticas de campo y gravedad en dimensiones superiores, ha llevado a nuevas perspectivas sobre cómo la gravedad y la teoría cuántica pueden estar relacionadas.

•Efectos de la Gravedad en el Tiempo: Investigar cómo la gravedad afecta la percepción del tiempo en regiones de alta gravedad, como cerca de agujeros negros, puede arrojar luz sobre la naturaleza misma del tiempo y su interacción con la gravedad.

•Pruebas Experimentales: Desarrollar experimentos que exploren los límites de la relatividad general y busquen posibles desviaciones o fenómenos nuevos, como ondas gravitacionales de frecuencias altas o bajas, puede proporcionar información crucial sobre la naturaleza de la gravedad y el tiempo.

Estas áreas de investigación representan solo una fracción de las preguntas intrigantes en la física del tiempo y la gravedad. A medida que avanzamos en la comprensión de la naturaleza fundamental del universo, es probable que surjan nuevas ideas y enfoques que transformen nuestra comprensión actual y nos conduzcan a nuevas fronteras del conocimiento.

Especulación sobre posibles descubrimientos que podrían cambiar nuestra comprensión.

Por supuesto, aquí hay algunas especulaciones sobre posibles descubrimientos que podrían tener un impacto significativo en nuestra comprensión de la física del tiempo y la gravedad:

•Descubrimiento de Nueva Fuerza Fundamental: Podría haber una fuerza fundamental previamente desconocida que interactúa con la gravedad y la materia de una manera que aún no hemos observado. Esto podría influir en cómo percibimos la gravedad y su comportamiento a diferentes escalas.

•Resolución de la Paradoja de la Información en Agujeros Negros: Si se encuentra una solución satisfactoria para la paradoja de la información en agujeros negros, podría cambiar fundamentalmente nuestra comprensión de cómo la información se comporta en condiciones extremas de gravedad.

•Efectos Cuánticos a Gran Escala: Si los efectos cuánticos se observaran en objetos macroscópicos más grandes de lo esperado, podría abrir la puerta a una comprensión completamente nueva de cómo la mecánica cuántica y la gravedad interactúan en el mundo cotidiano.

•Indicios de Dimensiones Extra: Si se encontraran evidencias experimentales de dimensiones adicionales más allá de las tres dimensiones espaciales que conocemos, podría respaldar teorías como la de las supercuerdas y alterar nuestra percepción del espacio y el tiempo.

•Descubrimiento de Nueva Partícula o Campo: La identificación de una nueva partícula o campo que interactúe con la gravedad y otras fuerzas podría proporcionar una conexión entre la gravedad y la física de partículas, alterando nuestras teorías actuales.

•Confirmación de la Teoría de Supergravedad o Teoría M: Si la teoría de supercuerdas o la teoría M (que unifica varias versiones de la teoría de supercuerdas) se confirmara experimentalmente, podría abrir un camino hacia una comprensión unificada de todas las fuerzas fundamentales.

•Detección de Radiación Gravitacional a Frecuencias Bajas o Altas: Si se detecta radiación gravitacional en frecuencias inexploradas, podría proporcionar información nueva sobre eventos cósmicos extremos y ayudarnos a comprender mejor la interacción entre la gravedad y las partículas subatómicas.

•Hallazgos en el Interior de Agujeros Negros: Si se desarrollan métodos teóricos o experimentales para sondear el interior de agujeros negros, podríamos descubrir fenómenos sorprendentes que desafíen nuestra comprensión actual de la física.

Estas son solo algunas de las especulaciones sobre descubrimientos que podrían tener un impacto profundo en nuestra comprensión de la física del tiempo y la gravedad. La naturaleza de la ciencia significa que siempre hay espacio para sorpresas y cambios en nuestras teorías actuales a medida que avanzamos en nuestro conocimiento del universo.

EPÍLOGO: LA DANZA CÓSMICA DEL TIEMPO Y LA GRAVEDAD

La danza cósmica del tiempo y la gravedad continúa cautivando a la humanidad con su misterio y belleza. A medida que los científicos y filósofos exploran las profundidades del universo, descubren que el tiempo y la gravedad están intrínsecamente entrelazados en una coreografía cósmica que trasciende nuestra comprensión actual.

Imaginemos el tiempo como un río en constante flujo, llevando consigo las experiencias, los eventos y los momentos que dan forma a nuestras vidas. La gravedad, por su parte, es la fuerza que curva este río, creando paisajes de espacio-tiempo que influyen en cómo viajamos a través de él. Como bailarines en este escenario cósmico, nosotros, y todo lo que nos rodea, somos participantes activos en esta danza.

A medida que exploramos los confines del espacio y del tiempo, nos encontramos con agujeros negros que deforman el tejido mismo del espacio-tiempo y estiran el tiempo hasta límites insospechados. También descubrimos que la mecánica cuántica agita las aguas, desafiando nuestra intuición sobre la naturaleza continua y fluida del tiempo.

La búsqueda de una teoría cuántica de la gravedad es como una melodía que se eleva en el fondo de esta danza, buscando armonizar las leyes que rigen las partículas subatómicas y la gravedad en un solo compás. A medida que avanzamos hacia esta sinfonía unificada, surgen conceptos intrigantes como las dimensiones extra y las teorías de supercuerdas, que sugieren que la danza del tiempo y la gravedad es más compleja de lo que imaginábamos.

Cada descubrimiento es un paso en esta danza, un giro elegante en el escenario cósmico que nos desafía a repensar lo que creíamos que sabíamos. Y así, continuamos explorando, observando cómo las estrellas se curvan alrededor de los agujeros negros, cómo las ondas gravitacionales revelan la vibración del espacio-tiempo y cómo los relojes en movimiento cuentan el latido de la realidad misma.

La danza cósmica del tiempo y la gravedad nos recuerda que el universo es un escenario en constante evolución, donde los patrones familiares se entrelazan con lo desconocido. Cada paso que damos en esta danza nos acerca a la comprensión de la naturaleza misma del tiempo y la gravedad, una búsqueda que continuará inspirándonos y asombrándonos mientras desentrañamos los secretos de la existencia.

Recapitulación de los conceptos clave sobre el tiempo, la gravedad y su influencia en el universo.

Por supuesto, aquí tienes una recapitulación de los conceptos clave sobre el tiempo, la gravedad y su influencia en el universo:

El Tiempo:

- El tiempo es una dimensión fundamental en la que ocurren los eventos y cambios en el universo.

- La percepción del tiempo puede variar según la velocidad, la gravedad y el estado mental.

- La cuestión de si el tiempo es una entidad absoluta y objetiva o una construcción subjetiva ha sido un debate filosófico a lo largo de la historia.

La Gravedad:

• La gravedad es una fuerza fundamental que atrae objetos con masa entre sí.

• La teoría de la relatividad general de Einstein revolucionó nuestra comprensión de la gravedad al describirla como la curvatura del espacio-tiempo causada por la masa y la energía.

Interacción del Tiempo y la Gravedad:

• La gravedad puede distorsionar el tiempo, causando dilatación temporal en objetos cercanos a campos gravitacionales fuertes.

• La gravedad también puede influir en la velocidad a la que pasa el tiempo, según la teoría de la relatividad.

Desafíos y Áreas de Investigación:

• La búsqueda de una teoría cuántica de la gravedad es un desafío fundamental en la física, ya que se busca reconciliar la mecánica cuántica y la gravedad.

• Las teorías de la supercuerda y la gravedad cuántica de bucles son enfoques en esta búsqueda.

• La paradoja de la información en agujeros negros plantea preguntas sobre la conservación de la información en situaciones gravitacionales extremas.

Posibles Descubrimientos Futuros:

• Nuevas fuerzas fundamentales o partículas podrían cambiar nuestra comprensión de la gravedad y sus interacciones.

• Evidencia de dimensiones adicionales o efectos cuánticos

en escalas macroscópicas podría alterar nuestras teorías actuales.

•Resolución de la paradoja de la información en agujeros negros podría revelar aspectos profundos de la gravedad y la mecánica cuántica.

En conjunto, el tiempo y la gravedad son elementos esenciales en la forma en que comprendemos el universo. Su relación compleja y enigmática continúa siendo un campo de exploración fascinante que combina la filosofía, la teoría y la observación experimental para profundizar en los misterios de la existencia.

Reflexiones finales sobre la fascinante interconexión de estos dos pilares fundamentales.

La interconexión entre el tiempo y la gravedad revela una danza misteriosa y profundamente fascinante que subyace en la estructura misma del universo. Estos dos pilares fundamentales están entrelazados en una relación simbiótica que da forma a la manera en que experimentamos y comprendemos la realidad que nos rodea.

El tiempo, esa dimensión en constante flujo que marca el ritmo de nuestras vidas, se convierte en un telón de fondo donde la gravedad, una fuerza misteriosa que une las masas y curva el espacio-tiempo, juega su papel. Esta interconexión se manifiesta en la dilatación temporal cerca de agujeros negros, donde el tiempo parece fluir a diferentes ritmos, y en las ondulaciones del espacio-tiempo que dan origen a las ondas gravitacionales.

Esta danza cósmica nos desafía a reconsiderar nuestras nociones preconcebidas sobre el tiempo y la gravedad. Revela que el tiempo no es una entidad aislada, sino una dimensión que interactúa con la gravedad y la materia, alterando nuestra percepción y desafiando nuestra comprensión. A su vez, la gravedad no solo es una fuerza que mantiene los planetas en órbita, sino que también esculpe el tejido del espacio-tiempo, moldeando cómo fluye el tiempo mismo.

La interconexión de estos pilares fundamentales también nos recuerda que nuestra búsqueda de conocimiento nunca se detiene. La exploración de la gravedad y el tiempo nos lleva a la vanguardia de la física teórica y experimental, donde los límites entre la realidad y lo desconocido se vuelven cada vez más borrosos. Cada nuevo descubrimiento, cada avance en la comprensión, nos acerca un poco más a descifrar los secretos de esta relación cósmica.

En última instancia, la interconexión del tiempo y la gravedad nos invita a contemplar la profundidad y la maravilla de la existencia misma. A medida que profundizamos en esta exploración, nos encontramos con un universo lleno de misterio y potencial, donde cada respuesta plantea nuevas preguntas y cada descubrimiento nos acerca a comprender los cimientos mismos de la realidad.

www.ingramcontent.com/pod-product-compliance
Lightning Source LLC
Chambersburg PA
CBHW071128260726
48661CB00006B/2730